最强大脑

数学预备课

2 我会10以内加减法

杨易 著

中国妇女出版社

图书在版编目（CIP）数据

最强大脑数学预备课．2，我会10以内加减法 / 杨易著．-- 北京 ：中国妇女出版社，2021.10
ISBN 978-7-5127-1981-1

Ⅰ．①最… Ⅱ．①杨… Ⅲ．①数学－儿童读物 Ⅳ．①O1-49

中国版本图书馆CIP数据核字（2021）第082952号

最强大脑数学预备课 2——我会10以内加减法

作　　者：杨　易　著
项目统筹：门　莹
责任编辑：李一之
封面设计：天之赋设计室
责任印制：王卫东
出版发行：中国妇女出版社
地　　址：北京市东城区史家胡同甲24号　　邮政编码：100010
电　　话：（010）65133160（发行部）　　65133161（邮购）
网　　址：www.womenbooks.cn
法律顾问：北京市道可特律师事务所
经　　销：各地新华书店
印　　刷：北京中科印刷有限公司
开　　本：150×215　1/16
印　　张：9
字　　数：95千字
版　　次：2021年10月第1版
印　　次：2021年10月第1次
书　　号：ISBN 978-7-5127-1981-1
定　　价：199.00元（全五册）

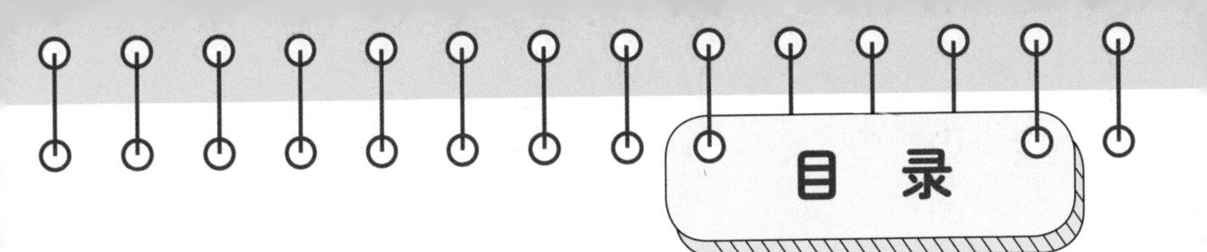

目录

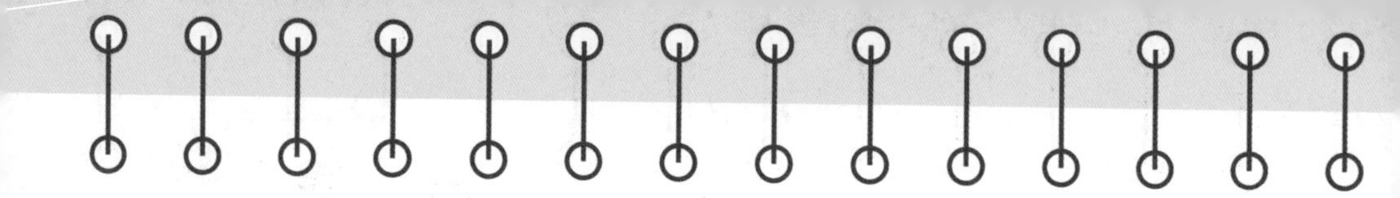

脑王！脑王！今天我们玩什么数学游戏呀？

初次体验，我们做最简单的加法游戏。

什么是“加法”呀？

“加法”就是“合起来”。

示例：

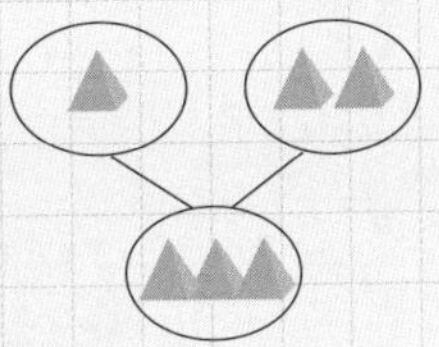

试一试　快来数一数，把左右两个图案合起来，并在空白处画一画。

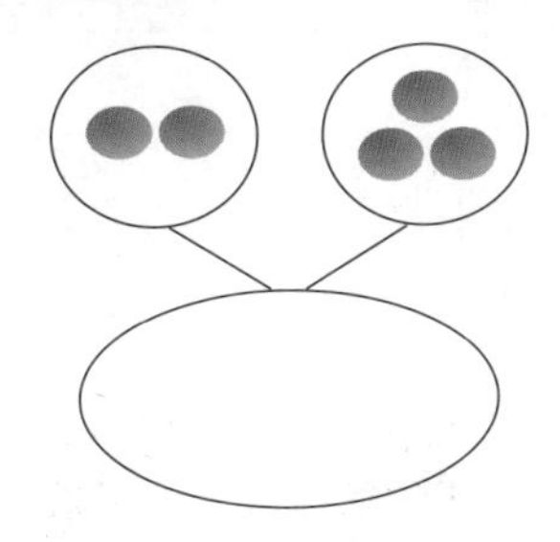

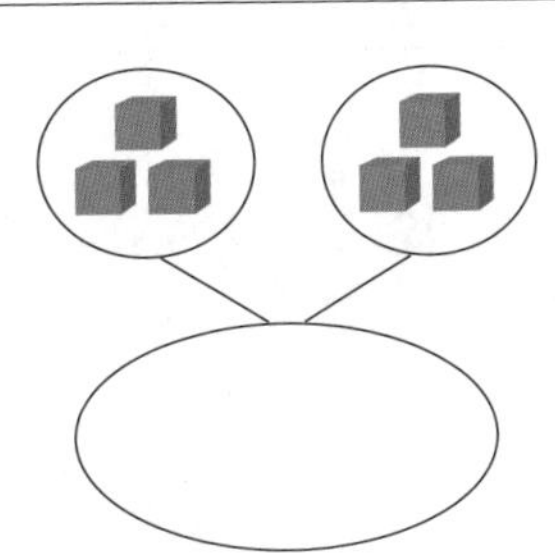

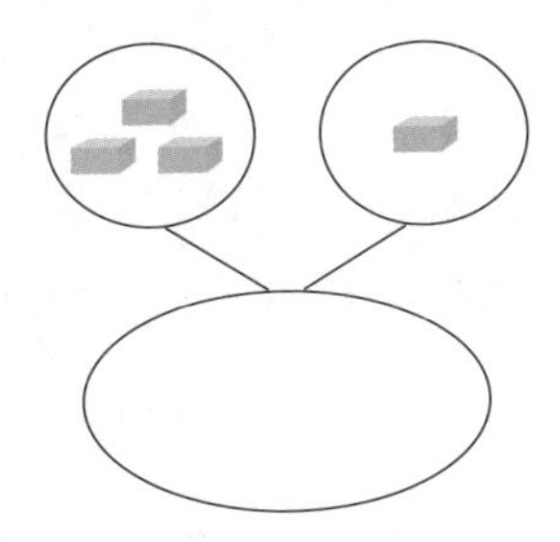

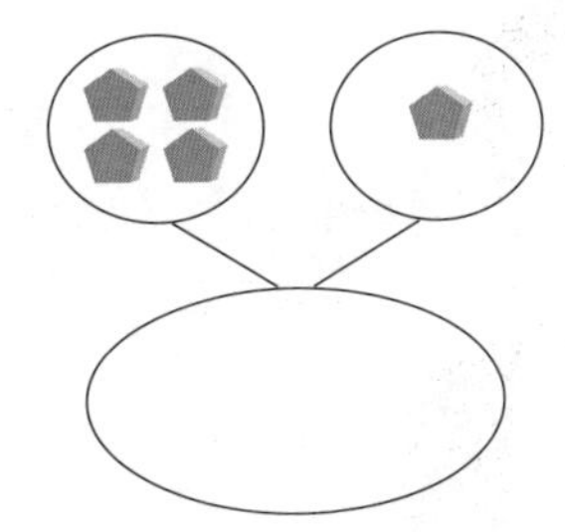

复习

小朋友，你都画对了吗？哪个最难画，可以继续出题给自己练一练，也可以让爸爸妈妈出题来考考你！

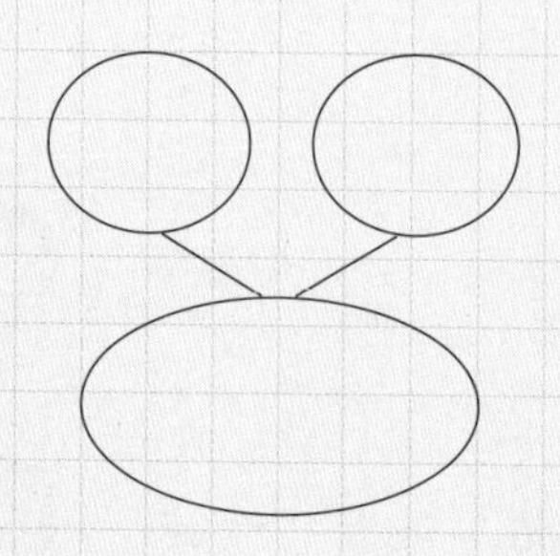

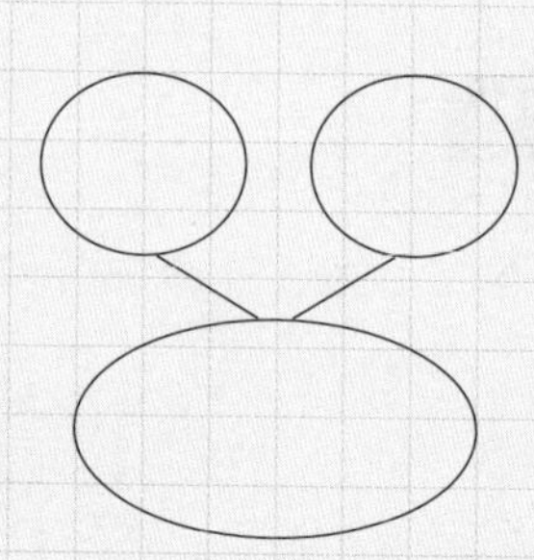

学习打卡

你今天学习花了多少时间？（家长帮忙计时）

A. 不到 5 分钟

B. 5~10 分钟

C. 10 分钟以上

你今天练习全做对了吗？

A. 全对

B. 仅错一处

C. 错误较多

小朋友，明天我们还要继续学习并打卡！

今天能得几颗星？把星星涂上你喜欢的颜色，来给自己打分吧！

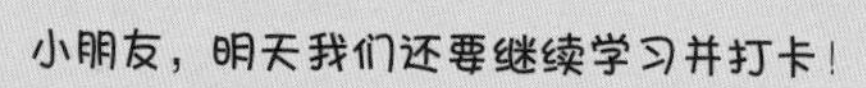

第2天 数一数，合起来②

月
日

脑王课堂

脑王！脑王！加法就是合起来，我记住了。

很棒！今天我们继续熟悉加法的合并。

会增加难度吗？

会，画完后，还要在括号内填上相应的数。

示例：

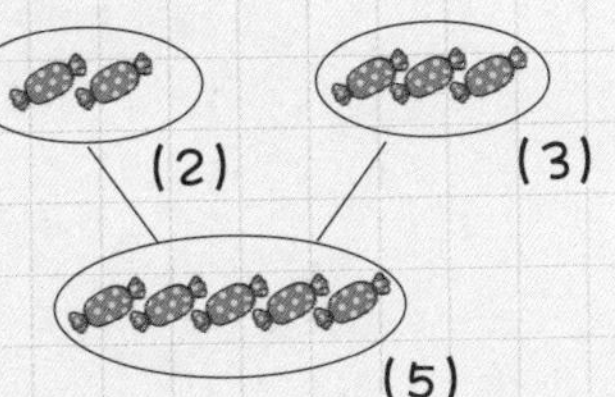

试一试

快来画一画、填一填吧。

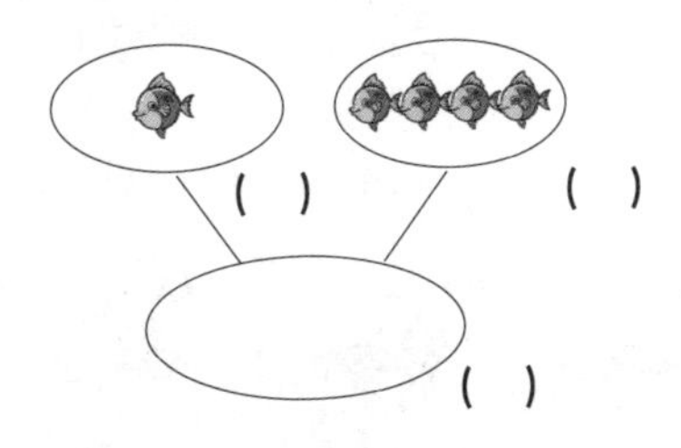

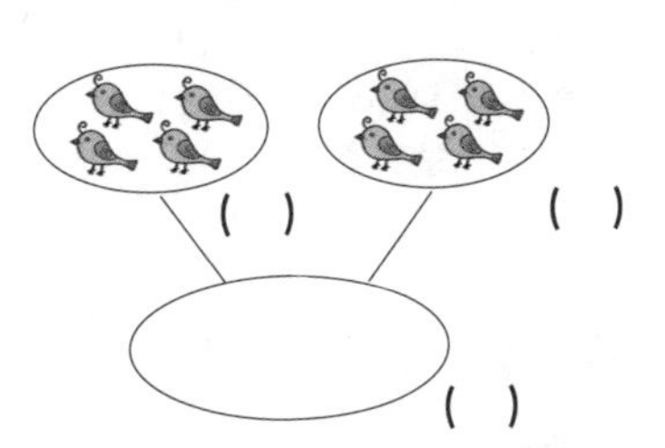

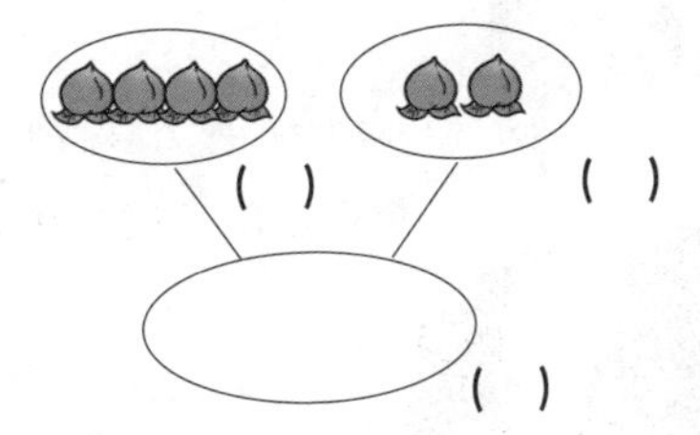

复习

小朋友，你都画对和填对了吗？可以继续出题给自己练一练，也可以让爸爸妈妈出题来考考你！

学习打卡

你今天学习花了多少时间？（家长帮忙计时）

A. 不到 5 分钟

B. 5~10 分钟

C. 10 分钟以上

你今天练习全做对了吗？

A. 全对

B. 仅错一处

C. 错误较多

小朋友，明天我们还要继续学习并打卡！

今天能得几颗星？把星星涂上你喜欢的颜色，来给自己打分吧！

脑王课堂

脑王！脑王！今天我们学什么？

一起来认识一下“+”吧。

“+”为什么是一横一竖呀？

一横一竖就是合起来的意思。

示例：

试一试

在空白处写“+”。

+	+	+			
+	+	+			
+	+	+			
+	+	+			

复习

小朋友，“+”写对了吗？在下面多写几次吧！和爸妈一起，选出一个写得最好的。

学习打卡

你今天学习花了多少时间？（家长帮忙计时）

A. 不到 5 分钟

B. 5~10 分钟

C. 10 分钟以上

你今天练习全做对了吗？

A. 全对

B. 仅错一处

C. 错误较多

小朋友，明天我们还要继续学习并打卡！

今天能得几颗星？把星星涂上你喜欢的颜色，来给自己打分吧！

☆☆☆☆☆

第4天 加法的含义①

______月

______日

脑王课堂

脑王！脑王！今天我们玩什么呀？

用“+”和“=”完成算式。

这样写的含义是什么呢？

2串水果与4串水果合起来是6串水果。

示例：

(+)

(=)

试一试　根据示例，快来填一填吧。

( ) ( )

( ) ( )

( ) ( )

( ) ( )

( ) ( )

( ) ( )

( ) ( )

( ) ( )

小朋友，“+”“=”都填对了吗？你能自己画图，设计一组算式吗？可以请爸爸妈妈帮忙哟！

学习打卡

你今天学习花了多少时间？（家长帮忙计时）

A. 不到 5 分钟

B. 5~10 分钟

C. 10 分钟以上

你今天练习全做对了吗？

A. 全对

B. 仅错一处

C. 错误较多

小朋友，明天我们还要继续学习并打卡！

今天能得几颗星？把星星涂上你喜欢的颜色，来给自己打分吧！

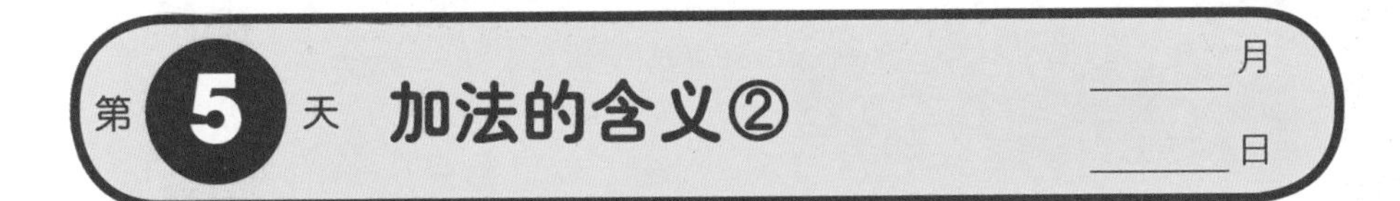

第5天 加法的含义②

月

日

脑王课堂

脑王！脑王！“+”和“=”填写还不是很熟悉，今天可以再复习一次吗？

好呀，那就继续复习。

示例：

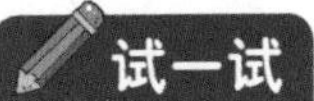

(+) (=)

试一试

在（ ）内填上“+”和“=”。

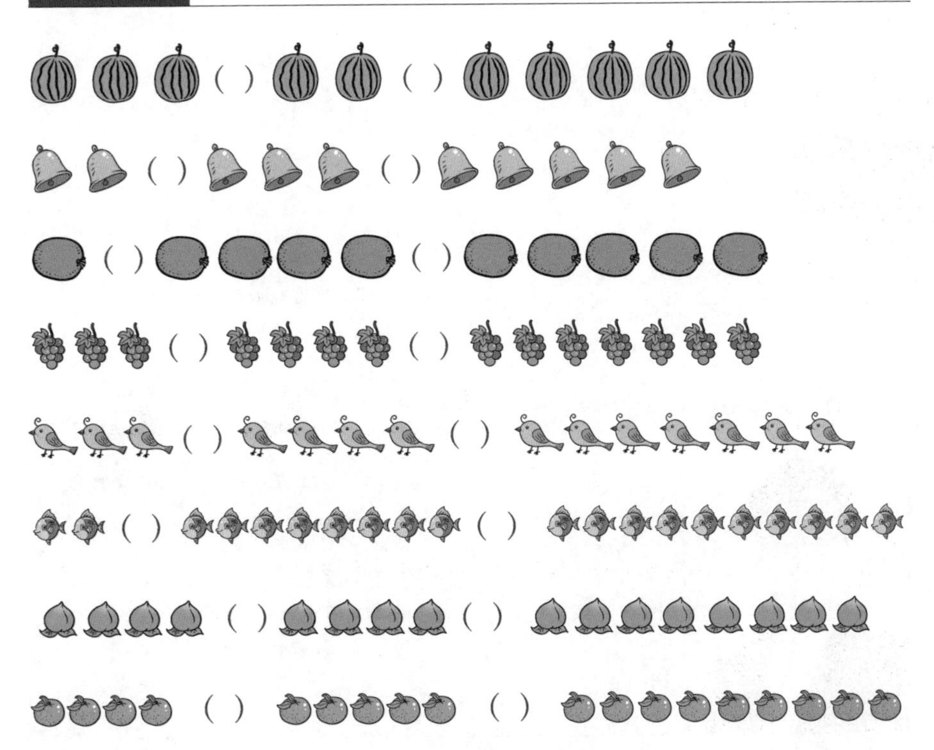

复习

小朋友，知道加法算式怎么列了吗？若还不熟悉，可以继续练一练哟。

学习打卡

你今天学习花了多少时间？（家长帮忙计时）

A. 不到 5 分钟

B. 5~10 分钟

C. 10 分钟以上

你今天练习全做对了吗？

A. 全对

B. 仅错一处

C. 错误较多

小朋友，明天我们还要继续学习并打卡！

今天能得几颗星？把星星涂上你喜欢的颜色，来给自己打分吧！

☆☆☆☆☆

第 6 天 数一数，写加法①

月

日

脑王课堂

脑王！脑王！我已经理解“+”了，接下来还有什么好玩的？

今天我们给图案配上数字吧！

示例：（+）（=）

（2） + （4） = （6）

试一试

数一数，在下面对应的（　）里填上相应的符号和数。

（ ）（ ）

（ ） + （ ） = （ ）

（ ）（ ）

（ ） + （ ） = （ ）

（ ）（ ）

（ ） + （ ） = （ ）

（ ）（ ）

（ ） + （ ） = （ ）

（ ）（ ）

（ ） + （ ） = （ ）

复习

小朋友，你都填对了吗？接下来，自己画几组图案，然后写出对应的算式吧！

学习打卡

你今天学习花了多少时间？（家长帮忙计时）

A. 不到 5 分钟

B. 5~10 分钟

C. 10 分钟以上

你今天练习全做对了吗？

A. 全对

B. 仅错一处

C. 错误较多

小朋友，明天我们还要继续学习并打卡！

今天能得几颗星？把星星涂上你喜欢的颜色，来给自己打分吧！

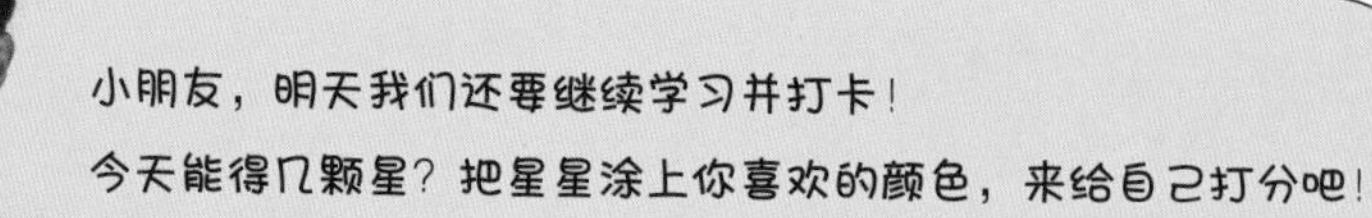

第7天 数一数，写加法②

月

日

脑王课堂

脑王！脑王！今天学什么？

继续练习看图写算式，争取一次全写对吧！

示例：（+）（=）

（4） + （3） = （7）

试一试

在对应的（ ）里填上相应的符号和数。

（ ）（ ）

（ ） + （ ） = （ ）

（ ）（ ）

（ ） + （ ） = （ ）

（ ）（ ）

（ ） + （ ） = （ ）

（ ）（ ）

（ ） + （ ） = （ ）

（ ）（ ）

（ ） + （ ） = （ ）

复习

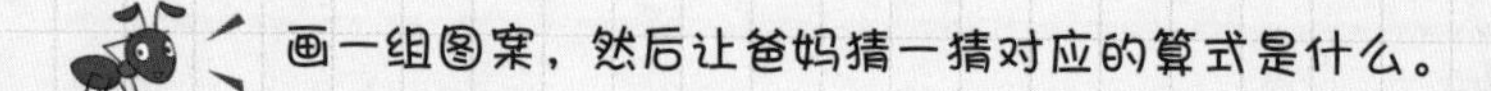

画一组图案，然后让爸妈猜一猜对应的算式是什么。

学习打卡

你今天学习花了多少时间？（家长帮忙计时）

A. 不到 5 分钟

B. 5~10 分钟

C. 10 分钟以上

你今天练习全做对了吗？

A. 全对

B. 仅错一处

C. 错误较多

小朋友，明天我们还要继续学习并打卡！

今天能得几颗星？把星星涂上你喜欢的颜色，来给自己打分吧！

第8天 小脑王测试①

____月 ____日

脑王测试

脑王！脑王！今天有新挑战吗？

今天结合我们前面所学的知识，做一个测试小挑战。

好呀，做好准备，接受挑战啦！

试一试

回想前面所学，填写下面题目的答案吧。

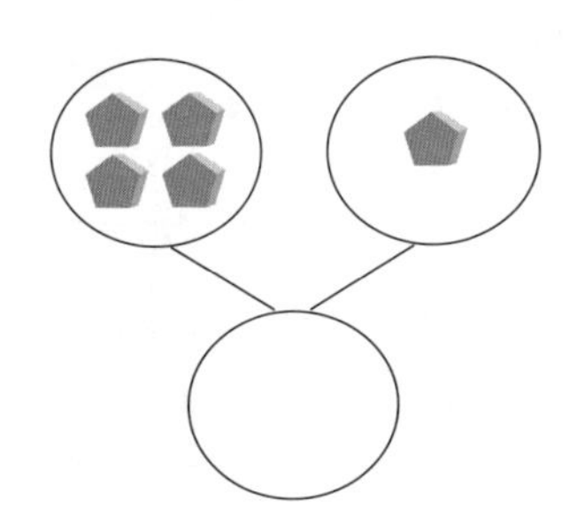

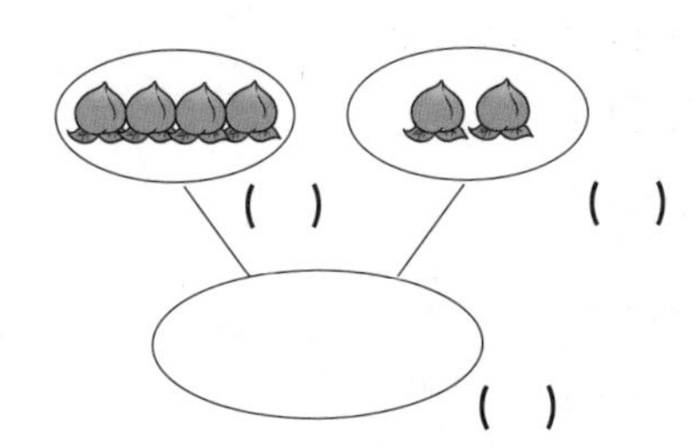

( ) ( )

( ) + ( ) = ( )

总结

小朋友，你都答对了吗？如果有错题，请在下方改正。

学习打卡

你今天学习花了多少时间？（家长帮忙计时）

A. 不到 5 分钟

B. 5~10 分钟

C. 10 分钟以上

你今天练习全做对了吗？

A. 全对

B. 仅错一处

C. 错误较多

小朋友，明天我们还要继续学习并打卡！

今天能得几颗星？把星星涂上你喜欢的颜色，来给自己打分吧！

评级证书

________ 同学：

祝贺你在“我会10以内加减法1～8天”学习中，坚持练习并且通过了测试！

请你以“小脑王”为目标，继续努力！

年　　月　　日

数学评测官　　杨易

第9天 加起来，是多少①

月　日

脑王课堂

脑王！脑王！今天我们学什么？

算一算左边两个数相加的结果，在右边括号内写出答案。可以画出对应数量的“○”，再数一数。

示例：

○ ○○
1 + 2 = (3)

试一试

在（　）内写出相应答案。

○○ ○○○
2 + 3 = (　)

○○○ ○○○
3 + 3 = (　)

○○○ ○○○○
3 + 4 = (　)

○○○○ ○○○○○
4 + 5 = (　)

○○○○ ○○○○○○
4 + 6 = (　)

○
1 + 9 = (　)

○
1 + 2 = (　)

○
1 + 5 = (　)

○
1 + 6 = (　)

○
1 + 7 = (　)

复习

小朋友，你都算对了吗？继续练一练，算一算。

学习打卡

你今天学习花了多少时间？（家长帮忙计时）

A. 不到 5 分钟

B. 5~10 分钟

C. 10 分钟以上

你今天练习全做对了吗？

A. 全对

B. 仅错一处

C. 错误较多

小朋友，明天我们还要继续学习并打卡！

今天能得几颗星？把星星涂上你喜欢的颜色，来给自己打分吧！

☆☆☆☆☆

第 10 天 加起来，是多少②

月
日

脑王课堂

脑王！脑王！加法运算我已经学会了。

好棒！要想完全掌握加法运算，还得多练习。用手指比出对应的数量，会算得更快哟！

示例：5 + 2 = (7)

试一试

在（　）里写出相应答案。

2 + 3 = (　)　　3 + 4 = (　)

2 + 4 = (　)　　5 + 2 = (　)

2 + 5 = (　)　　4 + 6 = (　)

2 + 8 = (　)　　5 + 5 = (　)

3 + 7 = (　)　　3 + 6 = (　)

复习

小朋友，你都算对了吗？继续练一练，写一写。

学习打卡

你今天学习花了多少时间？（家长帮忙计时）

A. 不到 5 分钟

B. 5~10 分钟

C. 10 分钟以上

你今天练习全做对了吗？

A. 全对

B. 仅错一处

C. 错误较多

小朋友，明天我们还要继续学习并打卡！

今天能得几颗星？把星星涂上你喜欢的颜色，来给自己打分吧！

第11天 有“0”的加法

月

日

脑王课堂

脑王！脑王！加法运算还有什么好玩的吗？

今天我们玩和“0”相关的加法。

好呀，“0”是一个很特殊的数字。

“0”表示什么也没有，它加一个数还是那个数不变。

示例：$0+1=(1)$

试一试 在（　）内填上相应的数。

$0+2=(\quad)$　　$7+0=(\quad)$

$0+3=(\quad)$　　$8+0=(\quad)$

$0+4=(\quad)$　　$9+0=(\quad)$

$0+5=(\quad)$　　$10+0=(\quad)$

$0+6=(\quad)$

复习

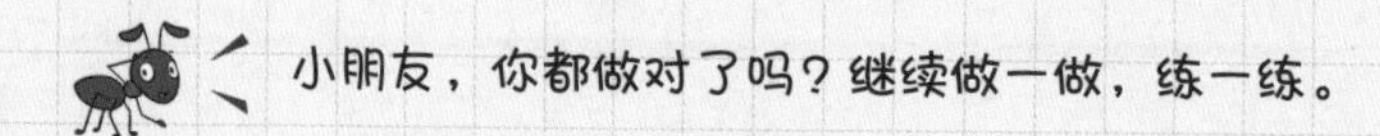

学习打卡

你今天学习花了多少时间？（家长帮忙计时）

A. 不到 5 分钟

B. 5~10 分钟

C. 10 分钟以上

你今天练习全做对了吗？

A. 全对

B. 仅错一处

C. 错误较多

小朋友，明天我们还要继续学习并打卡！

今天能得几颗星？把星星涂上你喜欢的颜色，来给自己打分吧！

第12天 小脑王测试②

月 日

脑王测试

脑王！脑王！今天有什么好玩的挑战吗？

今天进入测试闯关环节了，我出一些题目考考你。

好呀，我已经准备好接受挑战了！

试一试

在（ ）内填上相应的数。

0 + 2 =（ ）　　4 + 6 =（ ）

0 + 3 =（ ）　　5 + 5 =（ ）

2 + 3 =（ ）　　3 + 6 =（ ）

2 + 4 =（ ）

总结

小朋友，你都答对了吗？如果有错题，请在下方改正。

学习打卡

你今天学习花了多少时间？（家长帮忙计时）

A. 不到 5 分钟

B. 5~10 分钟

C. 10 分钟以上

你今天练习全做对了吗？

A. 全对

B. 仅错一处

C. 错误较多

小朋友，明天我们还要继续学习并打卡！

今天能得几颗星？把星星涂上你喜欢的颜色，来给自己打分吧！

评级证书

________同学：

祝贺你在“我会10以内加减法9～12天”学习中，坚持练习并且通过了测试！

请你以“小脑王”为目标，继续努力！

年　　月　　日

数学评测官　杨易

第13天 加法连连看①

月

日

脑王课堂

脑王！脑王！第二关测试挑战我已经顺利通过，今天还有什么新玩法呀？

今天我们来做一做加法连线游戏吧！

这个游戏规则是什么呢？

算一算左边两个数相加等于多少，与右边对应的数连线。

示例：

1 + 2	5
2 + 3	3

试一试

将左边两个数相加后，与右边对应的数连起来吧。

2 + 6	7
3 + 4	8
2 + 8	9
1 + 8	10
6 + 0	5
2 + 3	6
2 + 0	2

复习

小朋友，你都连对了吗？继续练一练。

学习打卡

你今天学习花了多少时间？
（家长帮忙计时）

A. 不到 5 分钟

B. 5~10 分钟

C. 10 分钟以上

你今天练习全做对了吗？

A. 全对

B. 仅错一处

C. 错误较多

小朋友，明天我们还要继续学习并打卡！

今天能得几颗星？把星星涂上你喜欢的颜色，来给自己打分吧！

第14天 加法连连看②

月

日

脑王课堂

脑王！脑王！加法连线游戏还有新的难度吗？

有啊，有的时候几个算式的计算结果是相同的。

我知道，那就和同一个数连起来。

做一个小小的提醒，不一定所有的数都能连起来。

示例：

2 + 3

1 + 4 　　5

2 + 2

试一试 　按照示例连线吧。

3 + 4	7
2 + 5	6
5 + 0	1
1 + 9	5
2 + 7	10
7 + 3	2
4 + 4	3

复习

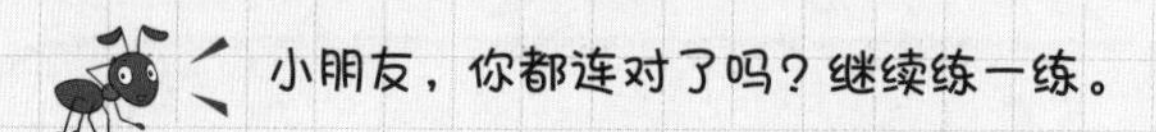

学习打卡

你今天学习花了多少时间？（家长帮忙计时）

A. 不到 5 分钟

B. 5~10 分钟

C. 10 分钟以上

你今天练习全做对了吗？

A. 全对

B. 仅错一处

C. 错误较多

小朋友，明天我们还要继续学习并打卡！

今天能得几颗星？把星星涂上你喜欢的颜色，来给自己打分吧！

☆☆☆☆☆

第 15 天 相加比大小

月

日

脑王课堂

脑王！脑王！还有什么好玩的数学游戏？

有啊，今天玩比大小的游戏！

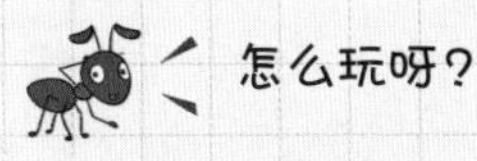

怎么玩呀？

左右两边分别相加，比一比谁大谁小，在括号里写上“<”或者“>”。

示例：2 + 3（ > ）1 + 2

1 + 2（ < ）2 + 3

试一试

在（　）内填上“<”或者“>”。

3 + 2（　）3 + 3

2 + 2（　）2 + 4

5 + 5（　）0 + 5

4 + 4（　）5 + 5

3 + 2（　）1 + 5

5 + 5（　）4 + 5

2 + 8（　）2 + 7

4 + 3（　）4 + 5

复习

小朋友，你都填对了吗？用你喜欢的数两两相加，并且比一比谁大谁小。

学习打卡

你今天学习花了多少时间？（家长帮忙计时）

A. 不到 5 分钟

B. 5~10 分钟

C. 10 分钟以上

你今天练习全做对了吗？

A. 全对

B. 仅错一处

C. 错误较多

小朋友，明天我们还要继续学习并打卡！

今天能得几颗星？把星星涂上你喜欢的颜色，来给自己打分吧！

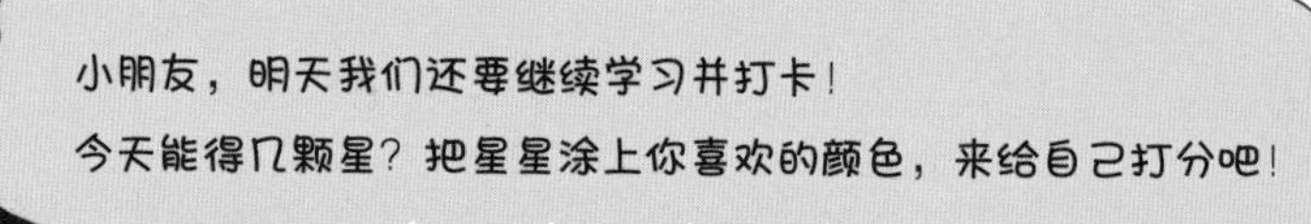

第16天 连加运算①

月

日

脑王课堂

脑王！脑王！各种加法游戏越来越好玩了。

是呀，今天我们要继续玩三个数连加游戏。

三个数连加，就是把它们都合在一起吧！

对呀，三个数连加，要先把前两个数加起来，再加第三个数。

示例：1 + 2 + 3 = (6)

(3)

试一试

在（ ）内填写相应的数。

2 + 2 + 2 = ( )

( )

1 + 2 + 4 = ( )

( )

1 + 0 + 2 = ( )

( )

2 + 3 + 4 = ( )

( )

3 + 3 + 4 = ( )

( )

4 + 0 + 5 = ( )

( )

复习

小朋友，你都算对了吗？继续算一算，练一练。

学习打卡

你今天学习花了多少时间？（家长帮忙计时）

A.不到5分钟

B.5~10分钟

C.10分钟以上

你今天练习全做对了吗？

A.全对

B.仅错一处

C.错误较多

小朋友，明天我们还要继续学习并打卡！

今天能得几颗星？把星星涂上你喜欢的颜色，来给自己打分吧！

☆☆☆☆☆

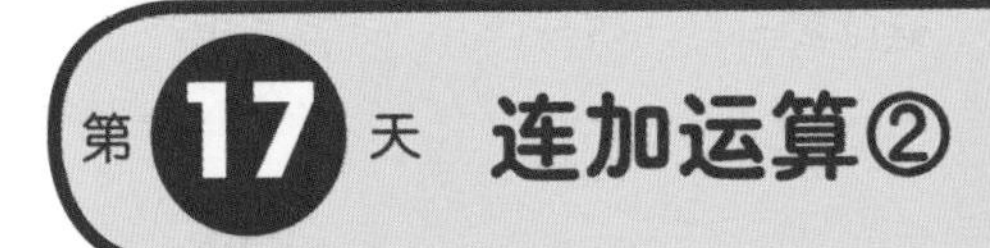

月

日

脑王课堂

脑王！脑王！连加游戏有点儿难，请求继续练习一天。

好呀，这次试着自己把过程画一画吧！

示例：3 + 3 + 3 = (9)

试一试

在(　)内填上相应的数。

6 + 0 + 1 = (　)

(　)

1 + 0 + 2 = (　)

(　)

4 + 4 + 2 = (　)

7 + 0 + 1 = (　)

2 + 5 + 1 = (　)

8 + 0 + 2 = (　)

小朋友，你都算对了吗？继续算一算，练一练。

学习打卡

你今天学习花了多少时间？（家长帮忙计时）

A. 不到 5 分钟

B. 5~10 分钟

C. 10 分钟以上

你今天练习全做对了吗？

A. 全对

B. 仅错一处

C. 错误较多

小朋友，明天我们还要继续学习并打卡！

今天能得几颗星？把星星涂上你喜欢的颜色，来给自己打分吧！

第18天 交换位置再相加

月
日

脑王课堂

脑王！脑王！今天玩什么游戏呀？

玩加法交换游戏。

怎么玩呀？

两个数相加，交换一下左右位置，看看相加结果会不会变。

示例：1 + 2 = 3
2 + 1 = (3)

试一试

在（ ）内填上相应的数。

3 + 5 = 8
5 + 3 = ( )

4 + 5 = 9
5 + 4 = ( )

4 + 2 = 6
2 + 4 = ( )

2 + 3 = 5
3 + 2 = ( )

2 + 6 = 8
6 + 2 = ( )

2 + 5 = 7
5 + 2 = ( )

0 + 5 = 5
5 + 0 = ( )

3 + 4 = 7
4 + 3 = ( )

复习

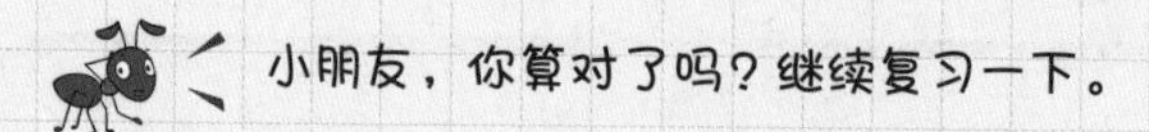

学习打卡

你今天学习花了多少时间？（家长帮忙计时）

A. 不到 5 分钟

B. 5~10 分钟

C. 10 分钟以上

你今天练习全做对了吗？

A. 全对

B. 仅错一处

C. 错误较多

小朋友，明天我们还要继续学习并打卡！

今天能得几颗星？把星星涂上你喜欢的颜色，来给自己打分吧！

第19天 小脑王测试③

月
日

脑王测试

脑王！脑王！是不是又到闯关游戏了啊？

对呀，到我们的第三次闯关了，我出一些题目考考你。

好呀，我准备好接受挑战了。

试一试 在相应位置写出题目答案。

• 加法连线游戏

2 + 4	7
2 + 5	8
2 + 8	6
4 + 4	10

• 连加运算

1 + 2 + 4 = （ ）

2 + 3 + 4 = （ ）

8 + 0 + 2 = （ ）

9 + 0 + 1 = （ ）

• 相加比大小

3 + 2 （ ） 3 + 3

2 + 2 （ ） 2 + 4

5 + 5 （ ） 0 + 5

4 + 4 （ ） 5 + 5

• 加法交换

2 + 6 = 8

6 + 2 = （ ）

0 + 5 = 5

5 + 0 = （ ）

总结

小朋友，你都答对了吗？如果有错题，请在下方改正。

学习打卡

你今天学习花了多少时间？（家长帮忙计时）

A. 不到 5 分钟

B. 5~10 分钟

C. 10 分钟以上

你今天练习全做对了吗？

A. 全对

B. 仅错一处

C. 错误较多

小朋友，明天我们还要继续学习并打卡！

今天能得几颗星？把星星涂上你喜欢的颜色，来给自己打分吧！

评级证书

________ 同学：

祝贺你在“我会10以内加减法13～19天”学习中，坚持练习并且通过了测试！

请你以“小脑王”为目标，继续努力！

年　　月　　日

数学评测官　　杨易

第20天 数一数，分两堆①

____月 ____日

脑王课堂

脑王！脑王！有比加法好玩的数学游戏吗？

有啊，今天我们要学习减法。

什么叫减法？

减法就是从一些东西中拿出一小部分，看看还剩多少。

示例：

试一试

在空白处画上相应的图案。

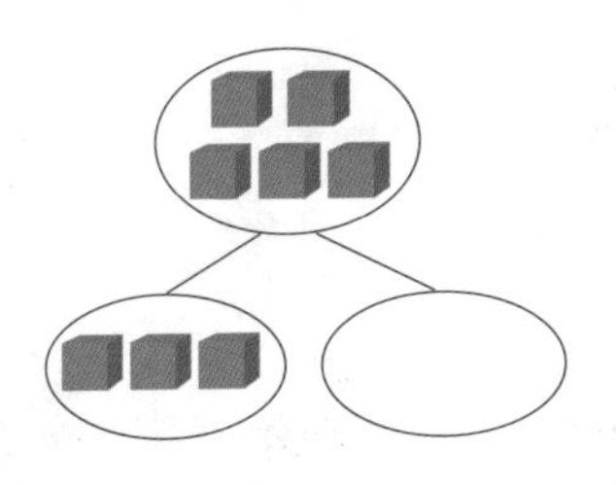

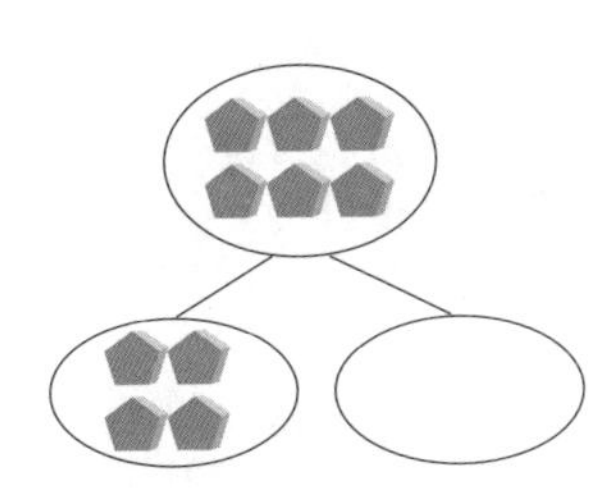

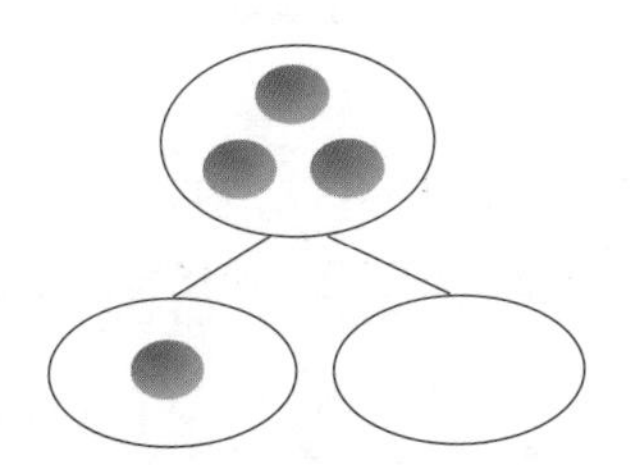

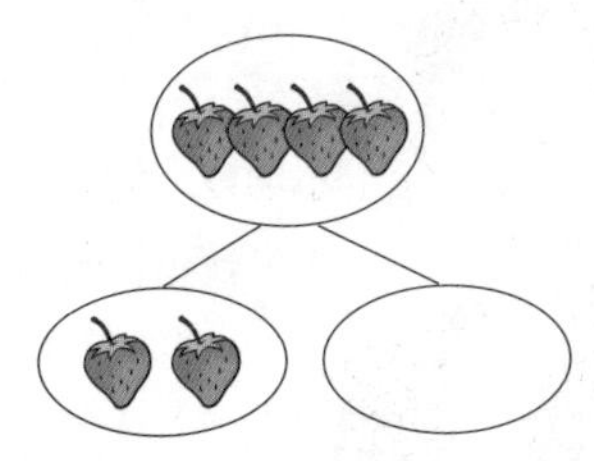

复习

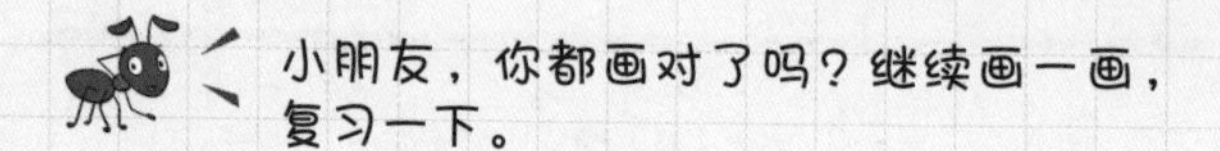

小朋友，你都画对了吗？继续画一画，复习一下。

学习打卡

你今天学习花了多少时间？（家长帮忙计时）

A. 不到 5 分钟

B. 5~10 分钟

C. 10 分钟以上

你今天练习全做对了吗？

A. 全对

B. 仅错一处

C. 错误较多

小朋友，明天我们还要继续学习并打卡！

今天能得几颗星？把星星涂上你喜欢的颜色，来给自己打分吧！

第21天 数一数，分两堆②

月

日

脑王课堂

脑王！脑王！减法游戏还有更好玩的吗？

有呀，今天我们增加难度。

有多难？

先在空白处画上图案，然后再写出对应的数。

示例：

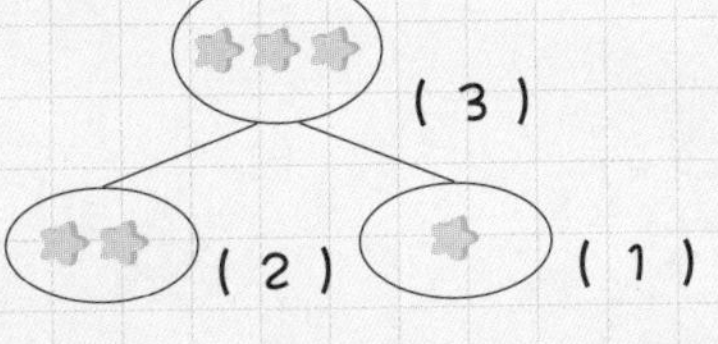

试一试

在相应位置画图，并写出对应的数。

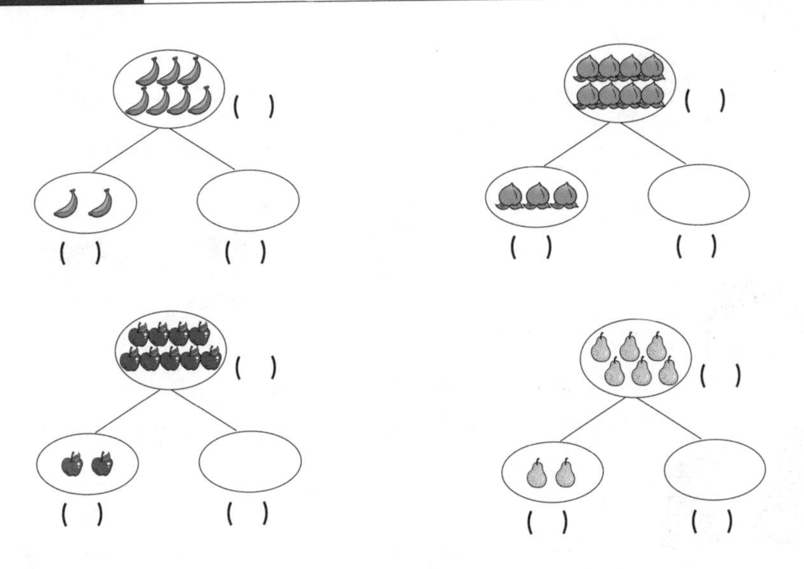

复习

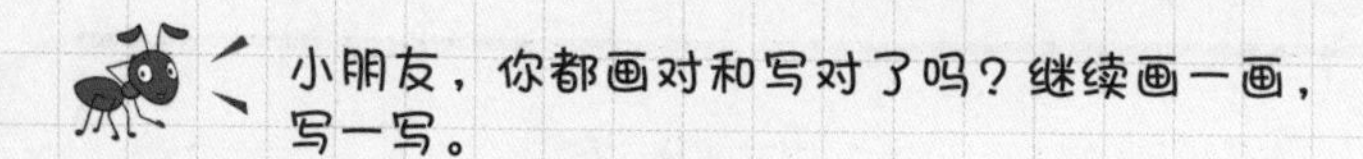

小朋友，你都画对和写对了吗？继续画一画，写一写。

学习打卡

你今天学习花了多少时间？（家长帮忙计时）

A. 不到 5 分钟

B. 5~10 分钟

C. 10 分钟以上

你今天练习全做对了吗？

A. 全对

B. 仅错一处

C. 错误较多

小朋友，明天我们还要继续学习并打卡！

今天能得几颗星？把星星涂上你喜欢的颜色，来给自己打分吧！

第22天 学会写“-”①

月

日

脑王课堂

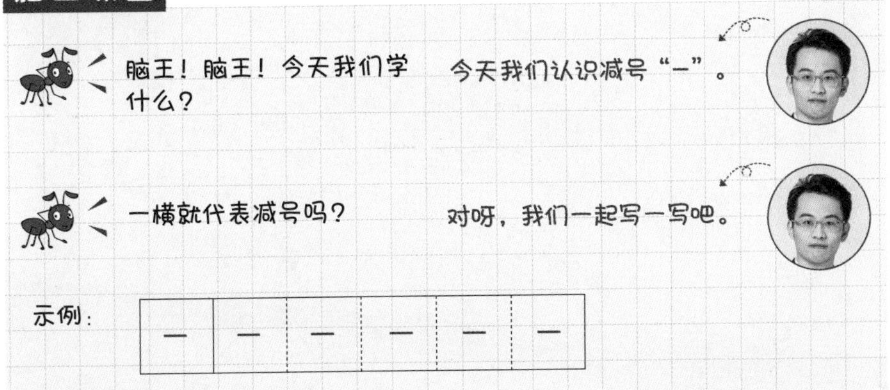

在空格中写“-”。

-	-	-			
-	-	-			
-	-	-			
-	-	-			

复习

小朋友，你都写对了吗？继续练一练，写一写。

学习打卡

你今天学习花了多少时间？（家长帮忙计时）

A. 不到 5 分钟

B. 5~10 分钟

C. 10 分钟以上

你今天练习全做对了吗？

A. 全对

B. 仅错一处

C. 错误较多

小朋友，明天我们还要继续学习并打卡！

今天能得几颗星？把星星涂上你喜欢的颜色，来给自己打分吧！

☆☆☆☆☆

第23天 学会写“-”②

脑王课堂

脑王！脑王！我已经会写“-”了。

好棒呀！今天继续加深对“-”的印象，在括号内填上“-”和“=”。

示例：（-）（=）

试一试 在（ ）内填上“-”或“=”。

（ ）（ ）

（ ）（ ）

（ ）（ ）

（ ）（ ）

（ ）（ ）

（ ）（ ）

（ ）（ ）

（ ）（ ）

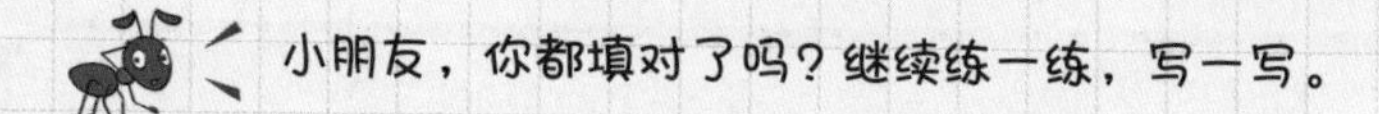

学习打卡

你今天学习花了多少时间？（家长帮忙计时）

A. 不到 5 分钟

B. 5~10 分钟

C. 10 分钟以上

你今天练习全做对了吗？

A. 全对

B. 仅错一处

C. 错误较多

小朋友，明天我们还要继续学习并打卡！

今天能得几颗星？把星星涂上你喜欢的颜色，来给自己打分吧！

☆☆☆☆☆

第24天 减法的含义①

月
日

脑王课堂

脑王！脑王！减法还有什么新玩法吗？

有啊，今天我们玩看图做减法游戏。

快说说游戏规则吧！

数一数，减一减，在括号内画出答案。

示例：

试一试　在（　）内画出相应数量的图形。

▲▲▲▲▲▲ − ▲▲ = （　　　　）

■■■■■■■ − ■■ = （　　　　）

⬟⬟⬟⬟⬟⬟⬟ − ⬟⬟⬟⬟⬟⬟ = （　　）

●●●●●● − ●●● = （　　　　）

复习

小朋友，你都填对了吗？画一画你喜欢的图案，再数一数。

学习打卡

你今天学习花了多少时间？（家长帮忙计时）

A. 不到 5 分钟

B. 5~10 分钟

C. 10 分钟以上

你今天练习全做对了吗？

A. 全对

B. 仅错一处

C. 错误较多

小朋友，明天我们还要继续学习并打卡！

今天能得几颗星？把星星涂上你喜欢的颜色，来给自己打分吧！

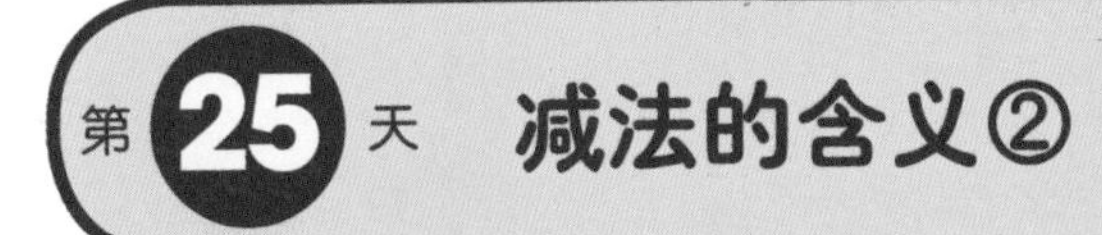

月

日

脑王课堂

脑王！脑王！图形减法有什么技巧吗？

可以用笔圈出要减掉的数量，就更容易数了。

好呀，让我来试一试。

示例：

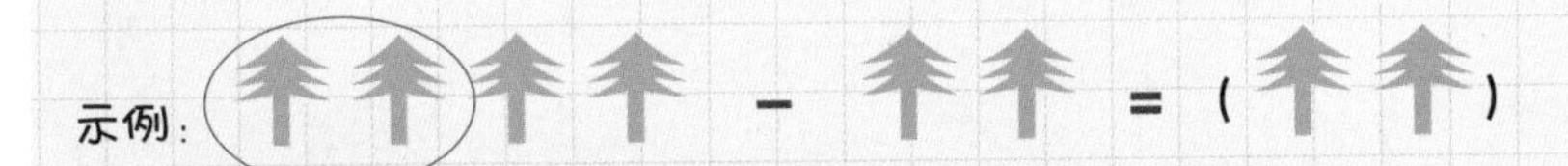

试一试

在（ ）内画出相应数量的图形。

－ ＝（ ）

－ ＝（ ）

－ ＝（ ）

－ ＝（ ）

小朋友，你都画对了吗？哪几题最难，可以继续练一练。

学习打卡

你今天学习花了多少时间？（家长帮忙计时）

A. 不到 5 分钟

B. 5~10 分钟

C. 10 分钟以上

你今天练习全做对了吗？

A. 全对

B. 仅错一处

C. 错误较多

小朋友，明天我们还要继续学习并打卡！

今天能得几颗星？把星星涂上你喜欢的颜色，来给自己打分吧！

第26天 数一数，写减法①

月
日

脑王课堂

脑王！脑王！今天我们学什么？

学习看图写减法算式。

好呀，快告诉我具体怎么玩吧！

在图片下面的括号内写上相应的数，组成一个减法算式。

示例：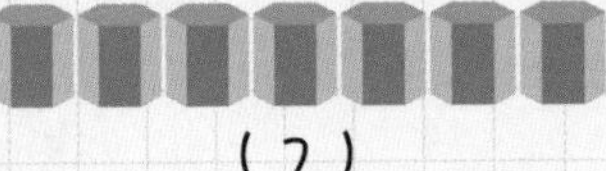 − 

（7） − （2） = （5）

试一试

在（ ）内填上相应的数。

（ ） − （ ） = （ ）

（ ） − （ ） = （ ）

（ ） − （ ） = （ ）

（ ） − （ ） = （ ）

复习

小朋友，你都写对了吗？继续写一写，练一练。

学习打卡

你今天学习花了多少时间？（家长帮忙计时）

A. 不到 5 分钟

B. 5~10 分钟

C. 10 分钟以上

你今天练习全做对了吗？

A. 全对

B. 仅错一处

C. 错误较多

小朋友，明天我们还要继续学习并打卡！

今天能得几颗星？把星星涂上你喜欢的颜色，来给自己打分吧！

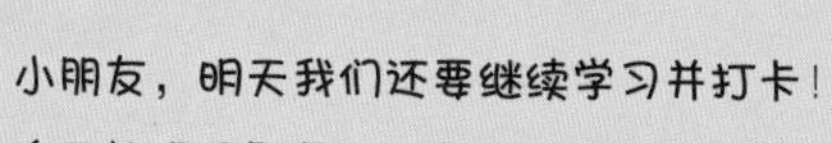

第27天 数一数，写减法②

____月 ____日

脑王课堂

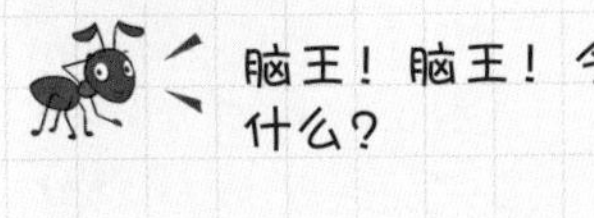

脑王！脑王！今天我们做什么？

继续练一练看图写算式吧，注意看示例，难度增加啦！

示例：★★★ － ★★ ＝（★）

（3）－（2）＝（1）

试一试

在（　）内填上相应的图案和数。

🍊🍊🍊🍊 － 🍊🍊 ＝（　　　　）

（　）－（　）＝（　）

8个 － 6个 ＝（　　　　）

（　）－（　）＝（　）

7个 － 5个 ＝（　　　　）

（　）－（　）＝（　）

9个 － 4个 ＝（　　　　）

（　）－（　）＝（　）

复习

小朋友，你都写对了吗？哪道题最难写，可以继续练一练。

学习打卡

你今天学习花了多少时间？（家长帮忙计时）

A. 不到 5 分钟

B. 5~10 分钟

C. 10 分钟以上

你今天练习全做对了吗？

A. 全对

B. 仅错一处

C. 错误较多

小朋友，明天我们还要继续学习并打卡！

今天能得几颗星？把星星涂上你喜欢的颜色，来给自己打分吧！

第28天 小脑王测试④

月

日

脑王测试

脑王！脑王！今天我们玩什么游戏啊？

又到闯关游戏环节了，我出一些题目考考你。

准备好了，接受挑战！

试一试

在相应位置填写答案。

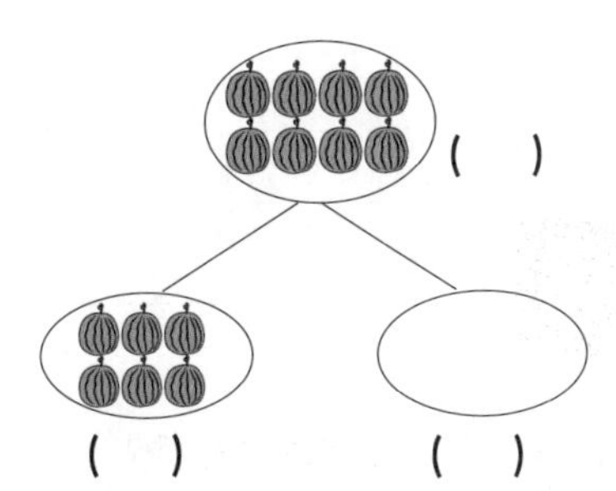

（ ）

（ ） （ ）

（ ） （ ）

= （ ）

= （ ）

（ ） – （ ） = （ ）

总结

小朋友，你都答对了吗？如果有错题，请在下方改正。

学习打卡

你今天学习花了多少时间？（家长帮忙计时）

A. 不到 5 分钟

B. 5~10 分钟

C. 10 分钟以上

你今天练习全做对了吗？

A. 全对

B. 仅错一处

C. 错误较多

小朋友，明天我们还要继续学习并打卡！

今天能得几颗星？把星星涂上你喜欢的颜色，来给自己打分吧！

☆☆☆☆☆

评级证书

________ 同学：

祝贺你在“我会10以内加减法20～28天”学习中，坚持练习并且通过了测试！

请你以“小脑王”为目标，继续努力！

年　　月　　日

数学评测官　　杨易

第29天 减去它，是多少①

月

日

脑王课堂

脑王！脑王！今天会玩什么新的数学游戏？

今天我们玩减法运算。

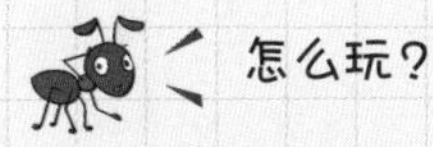

怎么玩？

仔细算一算左边两个数相减的结果，在右边括号里写上相应的数。可以画图帮助计算哟！

示例： **4 － 1 = （3）**

在（　）内填上相应的数。

3 － 1 =（　）　　7 － 2 =（　）

2 － 1 =（　）　　9 － 1 =（　）

6 － 1 =（　）　　8 － 1 =（　）

5 － 2 =（　）　　6 － 5 =（　）

6 － 2 =（　）　　8 － 7 =（　）

复习

小朋友，你都算对了吗？继续算一算，练一练。

学习打卡

你今天学习花了多少时间？（家长帮忙计时）

A. 不到 5 分钟

B. 5~10 分钟

C. 10 分钟以上

你今天练习全做对了吗？

A. 全对

B. 仅错一处

C. 错误较多

小朋友，明天我们还要继续学习并打卡！

今天能得几颗星？把星星涂上你喜欢的颜色，来给自己打分吧！

第30天 减去它，是多少②

______月

______日

脑王课堂

脑王！脑王！减法运算有什么技巧吗？

有的，可以用手指比画对应的数，帮助计算。

明白了，我继续练一练！

示例：9 − 7 =（2）

试一试

在（ ）内填上相应的数。

5 − 1 =（ ）　　8 − 6 =（ ）

6 − 5 =（ ）　　4 − 2 =（ ）

7 − 2 =（ ）　　3 − 1 =（ ）

7 − 3 =（ ）　　2 − 1 =（ ）

复习

小朋友，你都算对了吗？哪些题最难，可以继续再练一练。

学习打卡

你今天学习花了多少时间？（家长帮忙计时）

A.不到5分钟

B.5~10分钟

C.10分钟以上

你今天练习全做对了吗？

A.全对

B.仅错一处

C.错误较多

小朋友，明天我们还要继续学习并打卡！

今天能得几颗星？把星星涂上你喜欢的颜色，来给自己打分吧！

第31天 有“0”的减法

月

日

脑王课堂

脑王！脑王！今天我们玩什么游戏？

玩有“0”的减法游戏。

“0”是一个特殊的数字，有“0”的减法运算是不是也有特殊规律呀？

任何数和“0”相减，都等于它本身。

示例：1 − 0 =（1）

试一试

在（ ）内填上相应的数。

2 − 0 =（ ）　　8 − 8 =（ ）

1 − 0 =（ ）　　6 − 6 =（ ）

3 − 0 =（ ）　　7 − 7 =（ ）

3 − 3 =（ ）　　5 − 0 =（ ）

9 − 0 =（ ）　　4 − 0 =（ ）

小朋友，你都算对了吗？继续算一算，练一练。

学习打卡

你今天学习花了多少时间？（家长帮忙计时）

A. 不到 5 分钟

B. 5~10 分钟

C. 10 分钟以上

你今天练习全做对了吗？

A. 全对

B. 仅错一处

C. 错误较多

小朋友，明天我们还要继续学习并打卡！

今天能得几颗星？把星星涂上你喜欢的颜色，来给自己打分吧！

☆☆☆☆☆

第 **32** 天 # 小脑王测试⑤

月

日

脑王测试

脑王！脑王！减法运算我都掌握了，接下来玩什么？

今天又到闯关测试游戏了，我出一些测试题目，快来接受挑战吧。

好呀，我已经做好准备了，接受挑战！

试一试

在（ ）内填上相应的数。

5 － 2 =（ ）　　6 － 2 =（ ）

8 － 6 =（ ）　　4 － 2 =（ ）

9 － 0 =（ ）　　8 － 8 =（ ）

总结

小朋友，你都答对了吗？如果有错题，请在下方改正。

学习打卡

你今天学习花了多少时间？（家长帮忙计时）

A. 不到 5 分钟

B. 5~10 分钟

C. 10 分钟以上

你今天练习全做对了吗？

A. 全对

B. 仅错一处

C. 错误较多

小朋友，明天我们还要继续学习并打卡！

今天能得几颗星？把星星涂上你喜欢的颜色，来给自己打分吧！

评级证书

________ 同学：

祝贺你在“我会10以内加减法29～32天”学习中，坚持练习并通过了测试！

请你以“小脑王”为目标，继续努力！

年　　月　　日

数学评测官　杨易

第33天 减法连连看①

月
日

脑王课堂

脑王！脑王！测试游戏我已经顺利闯关了，今天我们玩什么？

今天玩连线游戏。

怎么玩？

做一做左边的题目，找到右边相应的数并连线。

示例：

5 − 1	1
3 − 2	4

试一试

按照示例连线吧。

6 − 4	1
6 − 5	2
7 − 2	5
9 − 5	3
9 − 6	7
7 − 0	6
8 − 2	4

小朋友，你都连对了吗？继续练一练，写一写。

学习打卡

你今天学习花了多少时间？（家长帮忙计时）

A. 不到 5 分钟

B. 5~10 分钟

C. 10 分钟以上

你今天练习全做对了吗？

A. 全对

B. 仅错一处

C. 错误较多

小朋友，明天我们还要继续学习并打卡！

今天能得几颗星？把星星涂上你喜欢的颜色，来给自己打分吧！

☆☆☆☆☆

第34天 减法连连看②

____月

____日

脑王课堂

脑王！脑王！今天我们玩什么新的数学游戏？

今天继续玩减法连线游戏。

连线有新玩法吗？

这次难度有所提高，左右并不是一一对应的，开动脑筋试试吧！

示例：

3 - 3	0
4 - 4	1

试一试

将左右对应的题目和数连起来。

5 - 5	0
6 - 6	1
3 - 2	2
8 - 4	3
9 - 0	9
6 - 5	5
7 - 5	8

小朋友，你都连对了吗？继续练一练。

学习打卡

你今天学习花了多少时间？（家长帮忙计时）

A. 不到 5 分钟

B. 5~10 分钟

C. 10 分钟以上

你今天练习全做对了吗？

A. 全对

B. 仅错一处

C. 错误较多

小朋友，明天我们还要继续学习并打卡！

今天能得几颗星？把星星涂上你喜欢的颜色，来给自己打分吧！

☆☆☆☆☆

第 35 天 相减比大小

月

日

脑王课堂

脑王！脑王！今天我们学什么？

今天我们玩减法比大小游戏。

怎么玩？

左右两边相减，比一比谁大谁小。

示例：4 − 3 （ < ） 5 − 2

试一试

在（　）内填上“＜”或“＞”。

6 − 3 （　　） 4 − 2

6 − 5 （　　） 7 − 4

3 − 0 （　　） 5 − 0

8 − 6 （　　） 4 − 3

9 − 6 （　　） 4 − 2

7 − 0 （　　） 6 − 6

8 − 2 （　　） 6 − 4

9 − 0 （　　） 4 − 0

复习

小朋友，你都比对了吗？继续练一练，写一写。

学习打卡

你今天学习花了多少时间？（家长帮忙计时）

A. 不到 5 分钟

B. 5~10 分钟

C. 10 分钟以上

你今天练习全做对了吗？

A. 全对

B. 仅错一处

C. 错误较多

小朋友，明天我们还要继续学习并打卡！

今天能得几颗星？把星星涂上你喜欢的颜色，来给自己打分吧！

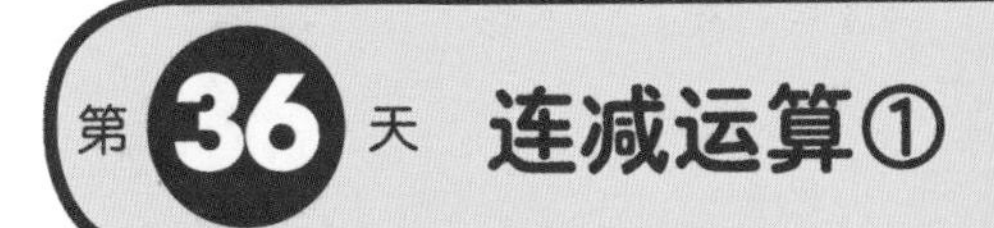

第36天 连减运算①

______月

______日

脑王课堂

脑王！脑王！还有更难的减法题目吗？

有啊！今天我们玩三个数的减法游戏。

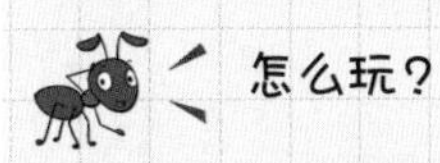

怎么玩？

用前两个数相减的结果，再减去第三个数，结果写在括号里。

示例：$6-1-2=(\,3\,)$

（6 − 1 的结果：(5)，再减去 2）

试一试

在（　）内填上相应的数。

5 − 3 − 2 =（　）　（　）

8 − 1 − 2 =（　）　（　）

4 − 1 − 2 =（　）　（　）

6 − 0 − 4 =（　）　（　）

5 − 0 − 4 =（　）　（　）

7 − 2 − 2 =（　）　（　）

小朋友，你都算对了吗？继续算一算，练一练。

学习打卡

你今天学习花了多少时间？（家长帮忙计时）

A. 不到 5 分钟

B. 5~10 分钟

C. 10 分钟以上

你今天练习全做对了吗？

A. 全对

B. 仅错一处

C. 错误较多

小朋友，明天我们还要继续学习并打卡！

今天能得几颗星？把星星涂上你喜欢的颜色，来给自己打分吧！

第37天 连减运算②

月

日

脑王课堂

脑王！脑王！今天我们学什么？

今天继续练习连续减法，这部分有些难度，试着自己画辅助线吧！

示例：$7-6-1=(0)$

试一试　在（　）内填上相应的数。

$9-3-2=(\quad)$

（　）

$8-2-4=(\quad)$

（　）

$9-1-4=(\quad)$

$6-1-4=(\quad)$

$8-2-3=(\quad)$

$5-2-3=(\quad)$

复习

小朋友，你都算对了吗？继续练一练。

学习打卡

你今天学习花了多少时间？
（家长帮忙计时）

A. 不到 5 分钟

B. 5~10 分钟

C. 10 分钟以上

你今天练习全做对了吗？

A. 全对

B. 仅错一处

C. 错误较多

小朋友，明天我们还要继续学习并打卡！
今天能得几颗星？把星星涂上你喜欢的颜色，来给自己打分吧！

☆☆☆☆☆

第38天 小脑王测试⑥

月

日

脑王测试

脑王！脑王！又到闯关游戏了。

对，我出一些测试题目，检验一下你最近的学习成果。

测试开始吧，我已经做好准备了。

试一试

在相应位置写出下列题目的答案。

• 连线一

6 － 4	1
6 － 5	2

• 连线二

6 － 6	0
5 － 5	1

• 比大小

6 － 5 （ ） 7 － 4

3 － 0 （ ） 5 － 0

• 连减运算

5 － 0 － 4 ＝（ ）　　7 － 2 － 2 ＝（ ）

9 － 1 － 4 ＝（ ）　　6 － 1 － 4 ＝（ ）

总结

小朋友，你都答对了吗？如果有错题，请在下方改正。

学习打卡

你今天学习花了多少时间？（家长帮忙计时）

A. 不到 5 分钟

B. 5~10 分钟

C. 10 分钟以上

你今天练习全做对了吗？

A. 全对

B. 仅错一处

C. 错误较多

小朋友，明天我们还要继续学习并打卡！

今天能得几颗星？把星星涂上你喜欢的颜色，来给自己打分吧！

评级证书

________ 同学：

祝贺你在“我会10以内加减法33～38天”学习中，坚持练习并且通过了测试！

请你以“小脑王”为目标，继续努力！

年　　月　　日

数学评测官　杨易

第 39 天 加与减，混合算①

月
日

脑王课堂

脑王！脑王！还有更有挑战性的数学游戏吗？

有呀，今天我们就要开始学习加减混合运算了。

好呀，这真的很有挑战。

先算前两个数，再把结果和第三个数进行运算。一定要看清是加还是减哟！

示例：5 − 2 + 1 = (4)

(3)

在（ ）内填上相应的数。

5 + 3 − 0 = ( )

( )

8 − 3 + 1 = ( )

( )

6 − 3 + 1 = ( )

( )

2 − 1 + 4 = ( )

( )

7 − 3 + 4 = ( )

( )

5 − 3 + 1 = ( )

( )

小朋友，你都算对了吗？继续算一算，练一练。

学习打卡

你今天学习花了多少时间？（家长帮忙计时）

A. 不到 5 分钟

B. 5~10 分钟

C. 10 分钟以上

你今天练习全做对了吗？

A. 全对

B. 仅错一处

C. 错误较多

小朋友，明天我们还要继续学习并打卡！

今天能得几颗星？把星星涂上你喜欢的颜色，来给自己打分吧！

☆☆☆☆☆

第 40 天 加与减，混合算②

月

日

脑王课堂

脑王！脑王！加减混合运算还挺烧脑的，请求加练一次。

好呀，今天继续练习吧！

先加还是先减，一定要看清楚。

示例：$7-2+5=(\ 10\ )$

试一试 在（ ）内填写相应的数。

$7-4+4=(\quad)$

（ ）

$7-2+5=(\quad)$

（ ）

$8-4+2=(\quad)$

$3-2+1=(\quad)$

$5-4+0=(\quad)$

$4+4-7=(\quad)$

小朋友，你都算对了吗？继续算一算，练一练。

学习打卡

你今天学习花了多少时间？（家长帮忙计时）

A. 不到 5 分钟

B. 5~10 分钟

C. 10 分钟以上

你今天练习全做对了吗？

A. 全对

B. 仅错一处

C. 错误较多

小朋友，明天我们还要继续学习并打卡！

今天能得几颗星？把星星涂上你喜欢的颜色，来给自己打分吧！

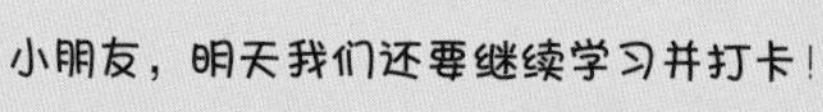

第41天 加法转换

月 日

脑王课堂

脑王！脑王！今天我们学什么？

今天我们学一学加法转换的新玩法。

我该怎么做呢？

先观察规律，然后直接写出结果。

示例：由 2 + 3 = 5 写出 3 + 2 = （5）

试一试

在（ ）内填写相应的数。

由 4 + 1 = 5 写出 1 + 4 = （ ）

由 6 + 1 = 7 写出 1 + 6 = （ ）

由 4 + 2 = 6 写出 2 + 4 = （ ）

由 2 + 1 = 3 写出（ ）+（ ）=（ ）

由 9 + 1 = 10 写出（ ）+（ ）=（ ）

复习

小朋友，你都写对了吗？继续写一写，练一练。

学习打卡

你今天学习花了多少时间？
（家长帮忙计时）

A. 不到 5 分钟

B. 5~10 分钟

C. 10 分钟以上

你今天练习全做对了吗？

A. 全对

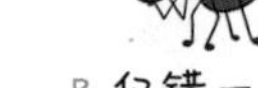
B. 仅错一处

C. 错误较多

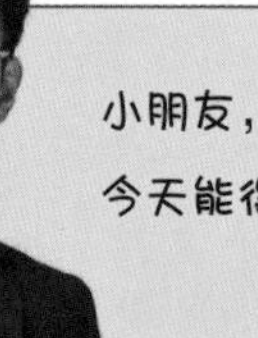

小朋友，明天我们还要继续学习并打卡！

今天能得几颗星？把星星涂上你喜欢的颜色，来给自己打分吧！

第 42 天 减法转换

____月

____日

脑王课堂

脑王！脑王！减法还有什么新玩法吗？

今天我们玩一玩减法转换游戏。

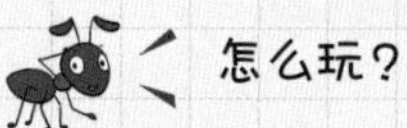

怎么玩？

先观察规律，再直接写出结果。

示例：由 5 − 2 = 3 写出 5 − 3 = (2)

试一试

在（ ）内填上相应的数。

由 4 − 3 = 1 写出 4 − 1 = ( )

由 8 − 3 = 5 写出 8 − 5 = ( )

由 9 − 1 = 8 写出 9 − 8 = ( )

由 6 − 4 = 2 写出 ( ) − ( ) = ( )

由 6 − 5 = 1 写出 ( ) − ( ) = ( )

复习

小朋友，你都算对了吗？继续算一算，练一练。

学习打卡

你今天学习花了多少时间？（家长帮忙计时）

A.不到 5 分钟

B.5~10 分钟

C.10 分钟以上

你今天练习全做对了吗？

A.全对

B.仅错一处

C.错误较多

小朋友，明天我们还要继续学习并打卡！

今天能得几颗星？把星星涂上你喜欢的颜色，来给自己打分吧！

☆☆☆☆☆

第43天 加减法转换①

月

日

脑王课堂

脑王！脑王！今天我们学什么？

加法和减法也是可以相互变化的。

我应该怎么做呢？

由一道减法题目推演出两道加法题目。

示例：由 5 − 2 = 3 写出（ 2 ）+（ 3 ）=（ 5 ）和（ 3 ）+（ 2 ）=（ 5 ）

试一试

在（　）内填上相应的数。

由 9 − 2 = 7 写出（　）+（　）=（　） 和 （　）+（　）=（　）

由 8 − 3 = 5 写出（　）+（　）=（　） 和 （　）+（　）=（　）

由 7 − 1 = 6 写出（　）+（　）=（　） 和 （　）+（　）=（　）

由 5 − 3 = 2 写出（　）+（　）=（　） 和 （　）+（　）=（　）

由 6 − 1 = 5 写出（　）+（　）=（　） 和 （　）+（　）=（　）

复习

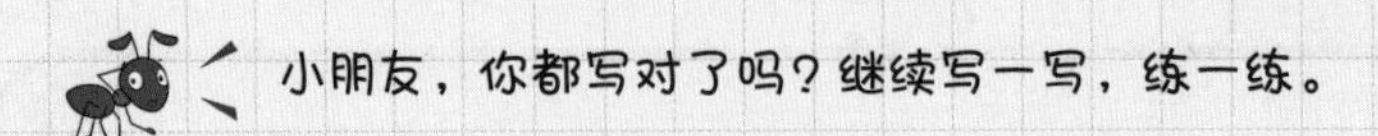

学习打卡

你今天学习花了多少时间？（家长帮忙计时）

A. 不到 5 分钟

B. 5~10 分钟

C. 10 分钟以上

你今天练习全做对了吗？

A. 全对

B. 仅错一处

C. 错误较多

小朋友，明天我们还要继续学习并打卡！

今天能得几颗星？把星星涂上你喜欢的颜色，来给自己打分吧！

☆☆☆☆☆

第44天 **加减法转换②**

______月 ______日

脑王课堂

脑王！脑王！加减转换很好玩，还有新玩法吗？

有啊，今天我们玩由一道加法题目推演出两道减法题目。

示例：由 2 + 3 = 5 写出（5）−（3）=（2）和（5）−（2）=（3）

试一试

在（　）内填写相应的数。

由 1 + 4 = 5 写出（　）−（　）=（　） 和 （　）−（　）=（　）

由 6 + 3 = 9 写出（　）−（　）=（　） 和 （　）−（　）=（　）

由 4 + 0 = 4 写出（　）−（　）=（　） 和 （　）−（　）=（　）

由 5 + 4 = 9 写出（　）−（　）=（　） 和 （　）−（　）=（　）

由 4 + 2 = 6 写出（　）−（　）=（　） 和 （　）−（　）=（　）

小朋友，你都填对了吗？继续练一练，写一写。

学习打卡

你今天学习花了多少时间？（家长帮忙计时）

A. 不到 5 分钟

B. 5~10 分钟

C. 10 分钟以上

你今天练习全做对了吗？

A. 全对

B. 仅错一处

C. 错误较多

小朋友，明天我们还要继续学习并打卡！

今天能得几颗星？把星星涂上你喜欢的颜色，来给自己打分吧！

第45天 小脑王测试⑦

月

日

脑王测试

脑王！脑王！是不是又要开始新一轮的闯关游戏了？

对，新一轮闯关游戏开始了，我要出题考考你。

好呀，我已经做好接受挑战的准备了。

试一试

在（ ）里填上相应的数。

5 + 3 − 0 =（ ）　　3 − 2 + 1 =（ ）

6 − 3 + 1 =（ ）　　4 + 4 − 7 =（ ）

由 8 − 3 = 5 写出（ ）−（ ）=（ ）

由 9 − 1 = 8 写出（ ）−（ ）=（ ）

由 4 + 1 = 5 写出（ ）+（ ）=（ ）

由 9 + 1 = 10 写出（ ）+（ ）=（ ）

由 6 − 1 = 5 写出（ ）+（ ）=（ ）和（ ）+（ ）=（ ）

由 7 − 1 = 6 写出（ ）+（ ）=（ ）和（ ）+（ ）=（ ）

由 6 + 3 = 9 写出（ ）−（ ）=（ ）和（ ）−（ ）=（ ）

由 4 + 0 = 4 写出（ ）−（ ）=（ ）和（ ）−（ ）=（ ）

总结

小朋友，你都答对了吗？如果有错题，请在下方改正。

学习打卡

你今天学习花了多少时间？（家长帮忙计时）

A. 不到 5 分钟

B. 5~10 分钟

C. 10 分钟以上

你今天练习全做对了吗？

A. 全对

B. 仅错一处

C. 错误较多

小朋友，明天我们还要继续学习并打卡！

今天能得几颗星？把星星涂上你喜欢的颜色，来给自己打分吧！

☆☆☆☆☆

评级证书

________ 同学：

祝贺你在“我会10以内加减法39～45天”学习中，坚持练习并且通过了测试！

请你以“小脑王”为目标，继续努力！

年　　月　　日

数学评测官　杨易

第46天 综合练习

______月 ______日

脑王课堂

脑王！脑王！我已经顺利闯关了，接下来还有什么新的数学游戏？

今天我们来做综合练习。

示例：$5-3=2$，那么 $5-2=(3)$

试一试

在（　）内填上相应的数。

$1-0=1$，那么 $1-1=(\quad)$

$8-5=3$，那么 $8-3=(\quad)$

$7-2=5$，那么 $7-5=(\quad)$

$6-6=0$，那么 $6-0=(\quad)$

$4-3=1$，那么 $4-1=(\quad)$

$5-4=1$，那么 $5-1=(\quad)$

小朋友，你都算对了吗？继续算一算，写一写。

学习打卡

你今天学习花了多少时间？
（家长帮忙计时）

A. 不到 5 分钟

B. 5~10 分钟

C. 10 分钟以上

你今天练习全做对了吗？

A. 全对

B. 仅错一处

C. 错误较多

小朋友，明天我们还要继续学习并打卡！

今天能得几颗星？把星星涂上你喜欢的颜色，来给自己打分吧！

☆☆☆☆☆

第47天 加减法填空①

月
日

脑王课堂

脑王！脑王！今天我们玩什么？

今天练习加法和减法的填空题。

示例：3 + (2) = 5

试一试 在(　)内填上相应的数。

4 + (　) = 5　　3 + (　) = 5

5 − (　) = 1　　8 − (　) = 5

6 + (　) = 10　　7 + (　) = 9

10 − (　) = 1　　9 − (　) = 8

5 + (　) = 7　　4 + (　) = 7

小朋友，你都填对了吗？继续填一填，练一练。

学习打卡

你今天学习花了多少时间？（家长帮忙计时）

A. 不到 5 分钟

B. 5~10 分钟

C. 10 分钟以上

你今天练习全做对了吗？

A. 全对

B. 仅错一处

C. 错误较多

小朋友，明天我们还要继续学习并打卡！

今天能得几颗星？把星星涂上你喜欢的颜色，来给自己打分吧！

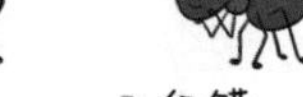

第48天 加减法填空②

月
日

脑王课堂

脑王！脑王！今天我们玩什么游戏啊？

继续练习加法和减法的填空题吧！

示例： 7 − (6) = 1

试一试 在（　）内填上相应的数。

5 + (　　) = 5　　0 + (　　) = 7

4 − (　　) = 2　　7 − (　　) = 0

9 − (　　) = 1　　9 + (　　) = 9

3 + (　　) = 10　　6 − (　　) = 3

10 − (　　) = 1　　4 + (　　) = 8

复习

小朋友，你都算对了吗？继续算一算，练一练。

学习打卡

你今天学习花了多少时间？（家长帮忙计时）

A. 不到5分钟

B. 5~10分钟

C. 10分钟以上

你今天练习全做对了吗？

A. 全对

B. 仅错一处

C. 错误较多

小朋友，明天我们还要继续学习并打卡！

今天能得几颗星？把星星涂上你喜欢的颜色，来给自己打分吧！

第 49 天 按顺序，拆一拆①

______月 ______日

脑王课堂

脑王！脑王！今天我们玩什么游戏啊？

今天我们做一个按顺序拆分数的综合练习。

怎样才算按顺序呢？

左侧的数要从1开始，由小到大排序。

示例：

5

1	4
2	3
3	2
4	1

试一试

将下列数进行拆分。

6

□	□
□	□
□	□
□	□
□	□

4

□	□
□	□
□	□

3

□	□
□	□

复习

小朋友，你都拆对了吗？继续练一练。

学习打卡

你今天学习花了多少时间？（家长帮忙计时）

A. 不到 5 分钟

B. 5~10 分钟

C. 10 分钟以上

你今天练习全做对了吗？

A. 全对

B. 仅错一处

C. 错误较多

小朋友，明天我们还要继续学习并打卡！

今天能得几颗星？把星星涂上你喜欢的颜色，来给自己打分吧！

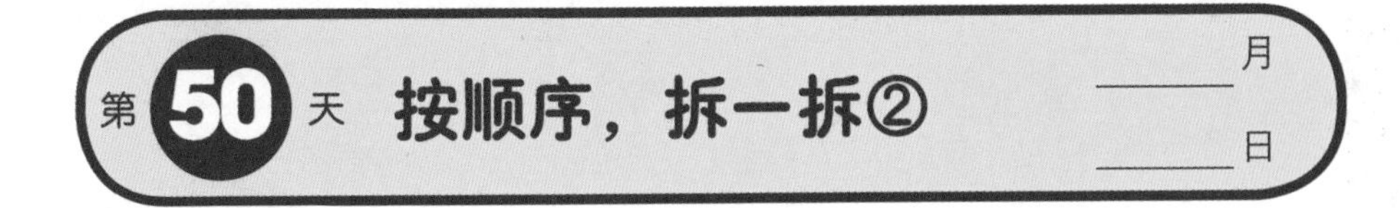

第50天 按顺序，拆一拆②

______月 ______日

脑王课堂

脑王！脑王！今天我们做什么？

今天我们继续来拆分数。

拆分数学好了，对学习数学有什么帮助呀？

对1~10的数进行有序拆分，有助于提高做加减法的准确性和速度。

试一试

将下列数进行拆分。

2

□ □

7

□ □
□ □
□ □
□ □
□ □
□ □

8

□ □
□ □
□ □
□ □
□ □
□ □
□ □

复习

小朋友，你都拆对了吗？继续练一练。

学习打卡

你今天学习花了多少时间？（家长帮忙计时）

A. 不到 5 分钟

B. 5~10 分钟

C. 10 分钟以上

你今天练习全做对了吗？

A. 全对

B. 仅错一处

C. 错误较多

小朋友，明天我们还要继续学习并打卡！

今天能得几颗星？把星星涂上你喜欢的颜色，来给自己打分吧！

☆☆☆☆☆

第51天 小脑王测试⑧

月 ______ 日 ______

脑王测试

脑王！脑王！是不是要进入加减法综合测试的闯关练习了？

对呀，我把前几天学的题目综合成试卷了，快来接受挑战吧。

好呀，我已经做好测试准备了。

试一试

填写相应答案。

1 − 0 = 1，那么 1 − 1 =（ ）　8 − 5 = 3，那么 8 − 3 =（ ）

7 +（ ）= 9　9 −（ ）= 8

7 −（ ）= 0　9 +（ ）= 9

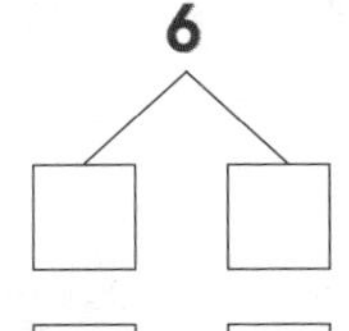

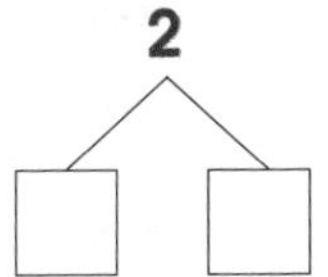

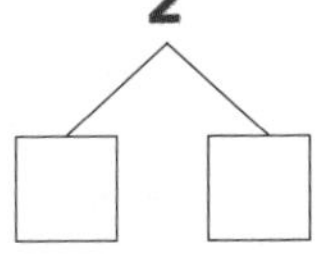

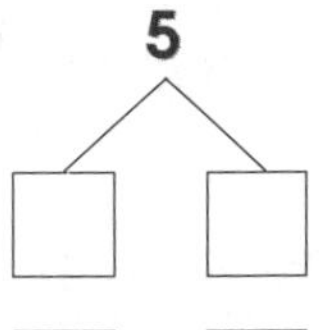

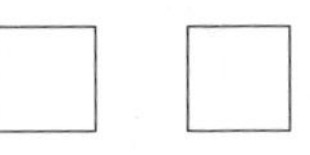

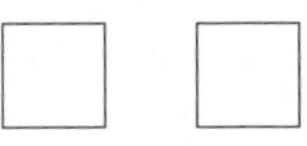

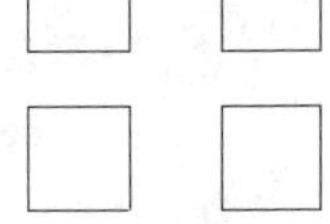

总结

小朋友，你都答对了吗？如果有错题，请在下方改正。

学习打卡

你今天学习花了多少时间？（家长帮忙计时）

A. 不到 5 分钟

B. 5~10 分钟

C. 10 分钟以上

你今天练习全做对了吗？

A. 全对

B. 仅错一处

C. 错误较多

小朋友，明天我们还要继续学习并打卡！

今天能得几颗星？把星星涂上你喜欢的颜色，来给自己打分吧！

☆☆☆☆☆

评级证书

________ 同学：

祝贺你在“我会10以内加减法46～51天”学习中，坚持练习并且通过了测试！

请你以“小脑王”为目标，继续努力！

年　　月　　日

数学评测官　　杨易

第52天 10以内加法口诀①

月 日

脑王课堂

脑王！脑王！10以内的加减法还有新的知识点吗？

有啊，接下来我们要系统学加减法口诀表。

熟悉口诀表是不是能提升计算速度呀？

对，快来算一算，记一记吧。

示例：1 + 1 = (2)

在（ ）内填写相应的数。

1+1=( )	
2+1=( )	1+2=( )
3+1=( )	2+2=( )
4+1=( )	3+2=( )
5+1=( )	4+2=( )
6+1=( )	5+2=( )
7+1=( )	6+2=( )
8+1=( )	7+2=( )
9+1=( )	8+2=( )

复习

小朋友，你都算对了吗？继续算一算，练一练。

学习打卡

你今天学习花了多少时间？（家长帮忙计时）

A. 不到 5 分钟

B. 5~10 分钟

C. 10 分钟以上

你今天练习全做对了吗？

A. 全对

B. 仅错一处

C. 错误较多

小朋友，明天我们还要继续学习并打卡！

今天能得几颗星？把星星涂上你喜欢的颜色，来给自己打分吧！

☆☆☆☆☆

脑王课堂

脑王！脑王！今天我们学什么？

继续学习10以内加法口诀。

示例：1 + 3 = (4)

在（　）内填写相应的数。

1+3=( )		
2+3=( )	1+4=( )	
3+3=( )	2+4=( )	1+5=( )
4+3=( )	3+4=( )	2+5=( )
5+3=( )	4+4=( )	3+5=( )
6+3=( )	5+4=( )	4+5=( )
7+3=( )	6+4=( )	5+5=( )

小朋友，你都算对了吗？继续算一算，练一练。

学习打卡

你今天学习花了多少时间？
（家长帮忙计时）

A. 不到 5 分钟

B. 5~10 分钟

C. 10 分钟以上

你今天练习全做对了吗？

A. 全对

B. 仅错一处

C. 错误较多

小朋友，明天我们还要继续学习并打卡！
今天能得几颗星？把星星涂上你喜欢的颜色，来给自己打分吧！

第54天 10以内加法口诀③

月 ______ 日 ______

脑王课堂

脑王！脑王！今天我们学什么？

今天是10以内加法口诀最后一课。

已经是最后一课了，继续加油。

示例：1 + 6 = (7)

试一试 在（ ）内填写相应的数。

1+6=( )			
2+6=( )	1+7=( )		
3+6=( )	2+7=( )	1+8=( )	
4+6=( )	3+7=( )	2+8=( )	1+9=( )

小朋友，你都算对了吗？继续算一算，练一练。

学习打卡

你今天学习花了多少时间？
（家长帮忙计时）

A. 不到 5 分钟

B. 5~10 分钟

C. 10 分钟以上

你今天练习全做对了吗？

A. 全对

B. 仅错一处

C. 错误较多

小朋友，明天我们还要继续学习并打卡！

今天能得几颗星？把星星涂上你喜欢的颜色，来给自己打分吧！

☆☆☆☆☆

第55天 小脑王测试⑨

月

日

脑王测试

脑王！脑王！10以内加法口诀题我都已经学会了，今天有什么新挑战？

今天进行10以内加法口诀题测试。

我记得一共有45题。

对，一定要好好算哟！

试一试

在下列表中填上相应的数。

1+1=( )								
2+1=( )	1+2=( )							
3+1=( )	2+2=( )	1+3=( )						
4+1=( )	3+2=( )	2+3=( )	1+4=( )					
5+1=( )	4+2=( )	3+3=( )	2+4=( )	1+5=( )				
6+1=( )	5+2=( )	4+3=( )	3+4=( )	2+5=( )	1+6=( )			
7+1=( )	6+2=( )	5+3=( )	4+4=( )	3+5=( )	2+6=( )	1+7=( )		
8+1=( )	7+2=( )	6+3=( )	5+4=( )	4+5=( )	3+6=( )	2+7=( )	1+8=( )	
9+1=( )	8+2=( )	7+3=( )	6+4=( )	5+5=( )	4+6=( )	3+7=( )	2+8=( )	1+9=( )

总结

小朋友，你都答对了吗？如果有错题，请在下方改正。

学习打卡

你今天学习花了多少时间？（家长帮忙计时）

A. 不到 5 分钟

B. 5~10 分钟

C. 10 分钟以上

你今天练习全做对了吗？

A. 全对

B. 仅错一处

C. 错误较多

小朋友，明天我们还要继续学习并打卡！

今天能得几颗星？把星星涂上你喜欢的颜色，来给自己打分吧！

☆☆☆☆☆

评级证书

________ 同学：

祝贺你在“我会10以内加减法52～55天”学习中，坚持练习并且通过了测试！

请你以“小脑王”为目标，继续努力！

年　　月　　日

数学评测官　杨易

脑王课堂

脑王！脑王！10以内加法口诀我已经全部记住了，今天我们学什么呢？

今天我们开始学习10以内减法口诀。

好呀，我已经准备好了。

示例：**2 − 1 = (1)**

试一试

在（　）内填上相应的数。

2−1=( )	
3−1=( )	3−2=( )
4−1=( )	4−2=( )
5−1=( )	5−2=( )
6−1=( )	6−2=( )
7−1=( )	7−2=( )
8−1=( )	8−2=( )
9−1=( )	9−2=( )
10−1=( )	10−2=( )

小朋友，你都算对了吗？继续算一算，练一练。

学习打卡

你今天学习花了多少时间？
（家长帮忙计时）

A. 不到 5 分钟

B. 5~10 分钟

C. 10 分钟以上

你今天练习全做对了吗？

A. 全对

B. 仅错一处

C. 错误较多

小朋友，明天我们还要继续学习并打卡！

今天能得几颗星？把星星涂上你喜欢的颜色，来给自己打分吧！

脑王课堂

脑王！脑王！今天我们学什么？

继续学习10以内减法口诀。

示例：$4-3=(1)$

在（　）内填上相应的数。

4−3=( )		
5−3=( )	5−4=( )	
6−3=( )	6−4=( )	6−5=( )
7−3=( )	7−4=( )	7−5=( )
8−3=( )	8−4=( )	8−5=( )
9−3=( )	9−4=( )	9−5=( )
10−3=( )	10−4=( )	10−5=( )

复习

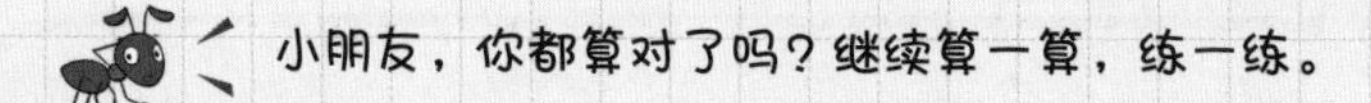

学习打卡

你今天学习花了多少时间？（家长帮忙计时）

A. 不到 5 分钟

B. 5~10 分钟

C. 10 分钟以上

你今天练习全做对了吗？

A. 全对

B. 仅错一处

C. 错误较多

小朋友，明天我们还要继续学习并打卡！

今天能得几颗星？把星星涂上你喜欢的颜色，来给自己打分吧！

☆☆☆☆☆

第58天 10以内减法口诀③

_____月
_____日

脑王课堂

脑王！脑王！今天我们学什么？

继续学习10以内减法口诀。快来算一算，记一记吧！

示例：7 − 6 = (1)

在(　　)内填上相应的数。

7−6=(　)			
8−6=(　)	8−7=(　)		
9−6=(　)	9−7=(　)	9−8=(　)	
10−6=(　)	10−7=(　)	10−8=(　)	10−9=(　)

小朋友，你都算对了吗？继续算一算，练一练。

学习打卡

你今天学习花了多少时间？（家长帮忙计时）

A. 不到 5 分钟

B. 5~10 分钟

C. 10 分钟以上

你今天练习全做对了吗？

A. 全对

B. 仅错一处

C. 错误较多

小朋友，明天我们还要继续学习并打卡！

今天能得几颗星？把星星涂上你喜欢的颜色，来给自己打分吧！

☆☆☆☆☆

第59天 小脑王测试⑩

月 日

脑王测试

脑王！脑王！10以内减法口诀都学完了，是不是要测试了呀？

对，今天来一次测试。

和加法口诀一样，一共有45题？

对，记得要好好算哟！

试一试 在（ ）内填上相应的数。

2−1=( )								
3−1=( )	3−2=( )							
4−1=( )	4−2=( )	4−3=( )						
5−1=( )	5−2=( )	5−3=( )	5−4=( )					
6−1=( )	6−2=( )	6−3=( )	6−4=( )	6−5=( )				
7−1=( )	7−2=( )	7−3=( )	7−4=( )	7−5=( )	7−6=( )			
8−1=( )	8−2=( )	8−3=( )	8−4=( )	8−5=( )	8−6=( )	8−7=( )		
9−1=( )	9−2=( )	9−3=( )	9−4=( )	9−5=( )	9−6=( )	9−7=( )	9−8=( )	
10−1=( )	10−2=( )	10−3=( )	10−4=( )	10−5=( )	10−6=( )	10−7=( )	10−8=( )	10−9=( )

总结

小朋友，你都答对了吗？如果有错题，请在下方改正。

学习打卡

你今天学习花了多少时间？（家长帮忙计时）

A. 不到 5 分钟

B. 5~10 分钟

C. 10 分钟以上

你今天练习全做对了吗？

A. 全对

B. 仅错一处

C. 错误较多

小朋友，明天我们还要继续学习并打卡！

今天能得几颗星？把星星涂上你喜欢的颜色，来给自己打分吧！

评级证书

________ 同学：

祝贺你在“我会10以内加减法56～59天”学习中，坚持练习并且通过了测试！

请你以“小脑王”为目标，继续努力！

年　　月　　日

数学评测官　　杨易